DU CACAO

ET DE

SES DIVERSES ESPÈCES

Abbeville. — Imprimerie de P. Briez

DU CACAO

ET DE

SES DIVERSES ESPÈCES

Historique. — Histoire naturelle du Cacaoyer. — Analyses
chimiques. — Altérations et Falsifications. —
Cacaos au point de vue Commercial,
Industriel, Hygiénique,
Alimentaire, etc.

IMPORTANCE DE L'USAGE DU CACAO PUR

PAR

H. FOREST

DIRECTEUR DE LA CHOCOLATERIE PARISIENNE

—

PRIX : 2 FR.

—

PARIS, CHEZ L'AUTEUR

Passage Vivienne, 37

—

1864

HISTORIQUE DU CACAO

A l'époque de la conquête du Mexique par les Espagnols, en 1520, les indigènes se servaient des grains de cacao comme monnaie. Leur aristocratie seule, dit Joseph Garnier, mangeait, au moins un peu abondamment, des mets préparés avec le cacao. Montezuma avait chez lui des amas considérables de ces graines, parce que ses sujets lui payaient les impôts avec cette monnaie. Al. de Humboldt a écrit qu'en 1802, le cacao faisait encore fonction de monnaie. Six grains valaient à peu près cinq centimes.

Les premiers cacaos arrivèrent en Europe vers le milieu du seizième siècle, des ports du Mexique et du Pérou; des voyageurs en rapportèrent quelques quintaux comme objets de curiosité. Mais le véritable commerce ne date que de l'époque où la culture fut établie un peu en grand dans la province de Caracas, c'est-à-dire du commencement du dix-huitième siècle. L'Espagne s'habitua de bonne heure à faire du cacao un objet de consommation indispensable, et, conformément aux principes économiques qu'elle a si longtemps professés, elle voulut empêcher de passer en des mains étrangères un produit dont elle espérait de grands résultats. L'exportation pour les pays autres que la métropole espagnole fut prohibée. La contrebande vint, comme toujours, en aide aux colons, et les habitants de Terre-ferme, trouvant plus d'avantages à traiter avec les Hollandais et les Anglais, qui les payaient, surent éviter les poursuites de la douane espagnole. Amsterdam devint l'entrepôt des cacaos caraques, et de 1707 à 1722 on ne vit pas arriver en Espagne un seul vaisseau de cacaos; c'est sur les marchés étrangers que les maîtres de l'Amérique allaient faire, à grands frais, leur provision de cacao. En 1728, Philippe V vendit le monopole exclusif de ce commerce, pour Caracas et Cumana, à une compagnie de négociants biscaïens, connue sous le nom de *Compagnie de Guipuscoa* ou des *Caraques*. Les vaisseaux de cette compagnie avaient le droit d'alimenter Caracas, Cumana, la Marguerite et la Trinité, et d'exporter à Véra-Crux tous les cacaos qu'elle ne pouvait importer en Espagne. La métropole recouvra bientôt les avantages qu'elle avait perdus, et en 1763, 110,500 quintaux entraient dans la Péninsule. Le prix était descendu de 80 piastres à 40 piastres (320 fr. à 160 fr.) la *fanègue* (55 kilog.), et peu d'années suffirent pour propager ce produit dans toute l'Europe et presque sur tous les points du globe.

On ne sait pas, dit Maigne, d'une manière bien précise à quelle époque ni par qui ce produit fut apporté, pour la première fois, dans notre pays. Suivant les uns, ce serait pour l'infante Marie-Thérèse, lors de son mariage avec le dauphin, fils de Louis XIII ; suivant les autres, ce serait par le cardinal Alphonse de Richelieu, frère du ministre et archevêque de Lyon, qui en tenait la recette de moines espagnols. Quoi qu'il en soit, en 1660, le chocolat était déjà répandu dans les hautes classes de la société, mais pendant très-longtemps il constitua un aliment de très-grand luxe, et son prix élevé, résultat du peu de développement de sa fabrication, maintint sa consommation dans des limites très-restreintes. D'ailleurs, celui qu'on faisait en France, était de qualité très-inférieure, parce qu'on ne pouvait se procurer de bons cacaos. Cette branche d'industrie reçut ses premières améliorations à la fin du dernier siècle, mais ses progrès réels et soutenus ne commencèrent qu'après 1815. Elle n'a cessé, depuis cette époque, de se perfectionner, et ses produits sont regardés aujourd'hui comme très-supérieurs à ceux des autres pays.

Les espèces que comprend le genre *Théobroma* sont des arbres ou des arbrisseaux; leur tige est droite, d'une texture assez poreuse, ce qui en fait un bois léger, peu résistant et par conséquent très-mauvais pour la construction; l'écorce est assez rude et brunâtre; les feuilles sont alternes, ovales, sans découpures, terminées en pointe, lisses et portées sur des pétioles assez courts qui manquent presque complétement dans certaines espèces. Les fleurs sont disposées en petits faisceaux, leurs pédoncules sont fins, sortent directement des branches et souvent du tronc. Chaque verticille du calice, de la corolle et des étamines, est composée de cinq parties; celles des deux premiers sont libres, et les étamines sont monadelphes, c'est à dire qu'elles sont soudées par

leurs filets. Le fruit, qui est généralement sem-
blable à un concombre, varie de longueur suivant les espèces, et présente cinq loges contenant
chacune huit à dix graines, au milieu d'une pulpe
succulente. La graine est formée entièrement par
deux gros cotylédons plissés et violets, entre lesquels on remarque la petite plante jaunâtre.

On compte environ, actuellement, une dizaine
d'espèces de cacaoyer; quelques-unes seulement
sont cultivées pour leurs graines.

Le cacaoyer commun, le plus répandu *Theobroma Cacao* de Linné), est un arbre de la hauteur de dix à quinze mètres; ses feuilles ont une
longueur de trente centimètres à peu près; ses
fleurs sont assez petites, rougeâtres, et l'on est
étonné de leur voir produire un fruit aussi gros.
Celui-ci, qui a la forme d'un concombre, offre
une longueur de quinze à vingt centimètres; il
est lisse, rougeâtre ou jaunâtre. Les graines sont
un peu plus grosses que l'amande de l'amandier.

Le cacaoyer commun croît principalement aux Antilles.

Parmi les espèces les plus importantes, nous avons le cacaoyer de la Guyane (*Theobroma Guyanensis*, Wild.), qui n'atteint guère que cinq mètres ; il se distingue principalement du précédent par ses fruits couverts d'un léger duvet de couleur rousse et munis de cinq angles, tandis que le cacaoyer commun a le fruit à dix angles ou côtes.

Cette espèce habite les forêts marécageuses de la Guyane. Ses graines fraîches sont estimées des naturels, et bonnes aussi à manger pour nous autres Européens. La pulpe est fondante, et s'emploie quelquefois pour préparer une liqueur agréable.

Le cacaoyer bicolore (T. bicolor, Humbold et Bonpland) est un arbrisseau de trois à quatre mètres. Ses fleurs sont d'un pourpre noirâtre ; les fruits sont globuleux, longs de 0,15 centimètres et couverts d'un duvet soyeux au toucher.

Cette espèce est des plus commune ; des forêts de la Colombie et du Brésil en sont quelquefois entièrement formées. Les naturels la connaissent sous le nom de *bacao*. Ses graines sont d'une qualité inférieure.

Enfin, pour terminer cette énumération, le cacaoyer sauvage (*Theobroma Sylvestris*, Wild.), qui est très-abondant dans la Guyane, se distingue à ses fruits cotonneux ; ses graines quoique de très-bonne qualité, — fraîches, elles sont excellentes à manger, — sont fort peu répandues dans le commerce.

Viennent ensuite d'autres espèces peu connues et peu importantes, et que nous passons par conséquent sous silence.

Indépendamment de ces espèces de cacaoyer, on reconnaît plusieurs variétés de graines, qui se distinguent par leurs formes, leur grosseur et leur coloration. Ainsi, il y a le *cacao des îles*, qui a le test ou enveloppe de la graine assez épais, puis ses amandes aplaties; le *cacao berbiche*, à graines plus courtes, arrondies et très-onctueuses ; le *cacao de Surinam*, qui possède des amandes plus allongées ; enfin le *cacao caraque*, qui est le plus estimé, et qui se distingue par ses graines beaucoup plus grosses que les autres, plus onctueuses et plus amères. Le caraque croît à Caracas.

On apporte beaucoup de soin à la culture des *cacaoyers*. Quand on veut en faire une plantation, on choisit d'abord avec intelligence le sol et l'exposition qui leur conviennent. Comme il ne leur faut ni trop ni trop peu d'air, et comme ils craignent surtout les grands vents, on les place toujours dans un lieu habité par des arbres qui aient une certaine hauteur. S'il ne s'en trouve point autour du terrain qui leur est destiné, on en plante trois ou quatre rangs, en donnant la préférence à ceux qui croissent vite, qui garnissent beaucoup, et dont le produit utile puisse dédommager le propriétaire d'une partie de ses frais.

Un sol riche, humide et profond, est celui qui convient le mieux à ces arbres ; comme ils ont un pivot qui s'enfonce beaucoup, ils ne peuvent réussir dans une terre dure et argileuse. La meilleure est une terre noire ou rougeâtre, alliée d'un quart ou d'un tiers de sable, avec quantité de gravier. Ils y produisent du fruit en assez grande abondance, trois ans après avoir été semés. Dans les terrains plus forts et plus humides, ils deviennent grands et vigoureux, mais ils rapportent moins. On est assez dans l'usage de défricher un terrain exprès, pour établir des *cacaoyers*. Sur les terres qui ne sont que reposées, ils durent peu, et ne donnent qu'un fruit médiocre en petite quantité.

La récolte de ces différentes variétés a lieu en juin, puis en décembre.

Deux récoltes par an, comme on voit ; la dernière est la plus considérable.

Les fruits arrivés à complète màturité, sont cueillis, et l'extraction de leurs graines a lieu aussitôt ; celles-ci subissent quelques prépara- tions avant d'être livrées au commerce. Encore toutes fraîches, elles sont mises dans des sortes de grands canots en bois, puis recouvertes de grandes feuilles de bananier , quand ces canots sont rem- plis, on les ferme avec de grandes planches, sur lesquelles on pose des pierres. Les graines, ainsi renfermées, restent à fermenter pendant quatre ou cinq jours. On a soin de les remuer tous les jours, et, lorsque leur test prend une couleur rougeâtre, on les retire ; elles sont séchées au so- leil, après quoi elles peuvent être livrées à la fa- brication du chocolat.

Une autre opération remplace souvent celle que nous venons de décrire ; elle consiste à enfouir dans la terre, pendant quarante jours au maxi- mum, les graines de cacao, afin de leur enlever leur saveur légèrement âcre.

Voici le tableau synoptique des cacaos terrés et de leurs caractères principaux.

TABLEAU DES CACAOS TERRÉS.

Cacao Caraque. . { Récolté sur les côtes de Caracas ; plus foncé en couleur et plus estimé que toutes les autres espèces.

Cacao Trinité . . { Provient de l'île de ce nom. Plus petit que le précédent et inférieur en qualité.

Saint-Dominique.
Martinique. . .
Guadeloupe. . . { Compris sous la dénomination commune de cacaos des îles.

TABLEAU DES CACAOS NON TERRÉS

Maragnan . . . { Tous ces cacaos sont moins estimés que les précédents pour faire le chocolat ; mais on les préfère pour l'extraction du beurre de cacao, d'abord parce qu'ils en contiennent plus, ensuite parce que leur prix est moins élevé.

Cacao Soconusco. { Il est très-estimé, bien que n'ayant pas été terré.

DU CACAO

AU POINT DE VUE COMMERCIAL

C'est dans la Monographie complète du Cacao, par M. Gallais, et dans les ouvrages de Zeti, Gron, Guitini, Delcher [1], J. Garnier, A. Mangin et Emile Menier, qu'il faut étudier les détails étendus sur la nature du cacoyer, sur son histoire, ses cultures, etc.

Résumons ici les faits qui se rattachent à ce produit, considéré sous le rapport commercial proprement dit.

[1] Recherches historiques et chimiques sur le Cacao.

Dans l'Amérique septentrionale, on ne rencontre le cacao que dans la pointe de la Floride, baignée par le golfe du Mexique, et dans la partie méridionale de la Louisiane et de la Géorgie. Toutes les plaines basses et bien arrosées du Mexique lui conviennent; mais la culture y est généralement négligée. Les premiers peuples de ce pays avaient cet arbre en grande vénération, dit-on, et il était chez eux l'objet d'une culture et d'un revenu important; mais la découverte des métaux précieux a détourné les conquérants espagnols de l'agriculture, et aujourd'hui Tabaco est la seule province du Mexique où l'on rencontre des plantations régulières, bien qu'il y ait des forêts naturelles de cacaoyers dans la partie orientale de Véra-Crux, et dans la baie de Campêche. Guatimala produit des cacaos d'excellente qualité et en grande abondance. La province de Soconusco, le long des rivières et de la mer du Sud, comprend un espace de terres basses, chaudes et continuellement humectées par les pluies, qui fournit d'immenses récoltes destinées au Mexique, à l'Asie et à l'Espagne. C'est dans cette contrée qu'une culture intelligente peut obtenir le plus beau cacao de la terre. Les côtes du golfe de Honduras fournissent aujourd'hui des cacaos très-estimés, dont le meilleur est celui de Gualan, près Omoa. Les côtes délicieuses du fleuve et du lac Nicaragua, les vallées de Costa-Rica et de Véragua, et les contrées sauvages qui conduisent à l'isthme de Darien, produisent encore des cacaos que les naturels portent sur leurs canots à Panama, quand les singes ne les consomment pas en entier. Enfin l'île de Tabaco, située dans la baie de Panama possède aussi le cacao sur ses brillantes collines.

« Les Espagnols ont fait de nombreuses plantations dans la province de Carthagène, et la rivière la Madeleine est aujourd'hui complétement bordée de cacaoyers. La province de Sainte-

Marthe n'en a qu'une petite quantité, à cause des chaleurs excessives de la côte et de l'air vif des montagnes. On récolte seulement aux environs d'Oscana, des cacaos qui portent ce nom. La province de Popayan en produit davantage. C'est sur ce territoire que se trouve le pays de Choco dans lequel de Humbold et Bompland ont découvert le Theobroma bicolor. Les vallées de Quito et de Guayaquil sont très-fertiles ; mais le cacao y possède une saveur généralement fade et désagréable. A l'est de la province de Sainte-Marthe, les côtes du lac Maracaïbo fournissent un cacao qui porte ce nom. La côte de Caracas ou de Caraque fut d'abord exploitée par des marchands d'Augsbourg à qui Charles-Quint vendit le monopole, qui passa plus tard entre les mains des Hollandais. Le Cacao de Caraque est un des plus estimés, et de bonne heure son parfum lui valut la réputation dont il jouit aujourd'hui. Cependant, la paresse et la vanité espagnoles ont encore porté dans cette culture leur triste influence. Les habitants ne récoltent pas le dixième de ce que leur vaste et fécond territoire pourrait produire. Le titre de cultivateur y est presque déshonorant, et les Biscaïens seuls se trouvent dans un état brillant de prospérité. Ces différences de culture influent sur les récoltes, et il ne suffit pas que du cacao vienne de Caracas pour qu'on doive lui attribuer aveuglément tous les caractères de la perfection. Loin de là, les bons cacaos de Caracas deviennent de plus en plus rares, bien que, depuis quelques années, la population augmente avec les progrès de la civilisation. Cette transformation de la bonne variété de Caracas est attribuée à la propagation de l'indigo, de la cochenille et de la canne à sucre, qui donnent des profits plus prompts, et aux défrichements qui amènent des changements physiques, contraires à la production du cacao. Quoi qu'il en soit, on voit cette culture diminuer progressivement dans les provinces de Caracas et dans les vallées de Cariaco, et s'accumuler insensiblement vers l'est, sur un sol vierge et nouvellement défriché. Les plantations de la Nouvelle-Andalousie et de la Nouvelle-Barcelonne, se sont prodigieusement accrues depuis une quarantaine d'années, et même quelques Irlandais et quelques Français malheureux sont venus s'établir avec succès dans l'intérieur de la province de Sierra-de-Meapire, dans le pays sauvage qui s'étend de Carupano, par la vallée de San-Bonifacio, vers le golfe de Paria.

« En descendant vers le sud, on voit le cacao dégénérer jusqu'à la ligne, soit à cause de la nature des terrains, soit à cause de la paresse des colons. La Guyane espagnole est inculte, et cependant c'est un des pays les plus fertiles d'Amérique et les plus favorables au cacaoyer. C'est en vain que les missionnaires ont appris aux naturels du pays à transporter sur leurs canots, les cacaos sauvages à Cos-Angelos et à Saint-Thomé. Quelle différence

avec les Hollandais! Depuis 1534, qu'ils essayè-
rent la culture du cacao à Surimam, la récolte de
cette colonie a suffi à la consommation de la métropole. Aujourd'hui les bords des rivières de Surinam, de Berberi et de Demerari sont couverts
de plantations, où le cacaoyer réussit assez bien
quoique le fruit se ressente souvent du terrain
marécageux enlevé à la mer, dans lequel on le
cultive. Berberi et Demerari appartiennent aujourd'hui aux Anglais. Ce n'est qu'en 1734 que le
cacaoyer fut cultivé à la Guyane française. Les
graines avec lesquelles furent faites les plantations de l'île de Cayenne furent prises dans une
forêt de cacaoyer qu'on découvrit sur le Jari, qui
se rend au fleuve des Amazones. Depuis, la culture s'est étendue, mais elle n'a jamais produit de
brillants résultats. A l'époque où les cacaos de
Caracas furent prohibés, Cayenne envoya en
France quelques fortes cargaisons; mais cette culture est presque abandonnée aujourd'hui, et s'il

nous vient encore quelques cacaos de ce pays, le plus souvent ils ont été cueillis par des nègres marrons, ou par les Galibis, dans les forêts qui bordent les rivières de Cayenne, du Maroni et du Camopi. Le peu de plantations qui existent encore se trouvent plutôt sur les rives de Sinnamari. Enfin, les Portugais récoltent, sur les rivières Arawari et Macapa, des cacaos si petits, qu'il semble qu'ils ont été recueillis dans l'état sauvage.

« Le cacao du Brésil n'a pas de ressemblance avec celui de Surinam, de Caracas et de Soconusco. Au lieu d'être irrégulier, gonflé, triangulaire ou de forme ovale, il est plat, allongé et plus large à l'une des extrémités qu'à l'autre. Tel est celui des provinces de Para et de Maragnan. Ce dernier est plus doux que celui de la Guyane et de la Trinité ; mais il a moins d'arôme. On en récolte considérablement sur les bords du fleuve des Amazones, de la rivière des Torentins et des innombrables cours d'eau qui augmentent ces fleuves. Dans le gouvernement de Malto-Grosso, les bords des rivières ont des plantations encore fort belles, mais à Scara et à Fernamboc, on n'en voit que quelques-unes, et leurs récoltes ne valent pas celles de Maragnan. La qualité est moindre dans les plaines de Balna, la fève n'y semble pas arriver à complète maturité. Enfin, dans les parties basses du Brésil, on cultive encore le cacao avec quelque succès ; mais, passé cette latitude, on n'en rencontre plus.

« Les Portugais n'ont pas voulu, comme les Espagnols, que leur pays fut connu, et ils ont enfoui dans la bibliothèque de Bahia, où l'on ne peut les consulter, les manuscrits des missionnaires qui ont rassemblé des renseignements qui doivent être curieux, sur l'histoire et les progrès de la culture chez les Brésiliens.

« L'Europe reçoit peu de cacaos du Pérou ; cependant les plaines de Moxos sont couvertes de cacaoyers. C'est là qu'on fait subir à la graine une légère immersion dans l'eau salée, pour la préserver de la piqûre des insectes. Guanaco et les côtes maritimes de Jaën, de Truxillo et de Lima, font des récoltes considérables ; une partie de cette production sert à approvisionner les îles de la mer du Sud, des Indes et le Japon.

« Le terrain des Antilles n'a jamais produit des cacaos qui pussent le disputer à ceux de Caracas et de Soconusco, soit à cause de la position de ces îles, soit à cause de l'inhabileté des colons. La première plantation a été faite à Saint-Domingue. La partie occidentale de l'île, occupée par les Français dans le courant du seizième siècle, a longtemps été productive, mais elle ne fournit aujourd'hui qu'une bien petite quantité de cacaos. Quant à la partie espagnole, elle est constamment restée dans un état de langueur caractéristique.

« La Jamaïque faisait jadis un commerce fort important en cacao. Cette culture y a été successivement abandonnée, et reprise depuis 1665, quand elle est passée au pouvoir des Anglais. Aujourd'hui elle est de nouveau presqu'entièrement négligée. Cuba exporte quelques cacaos ; mais il ne paraît pas que le cacaoyer y ait jamais été l'objet d'une culture spéciale, car de tout temps le port de la Vera-Crux a approvisionné cette possession espagnole. Porto-Rico est dans le même cas depuis le seizième siècle, époque à laquelle la production a été un instant assez considérable. Sainte-Croix, une des îles anglaises, est dans le cas contraire ; le cacao y est toujours cultivé avec succès. La Guadeloupe, en 1770, en comptait 500,000 pieds. Il n'existe plus aujourd'hui qu'un petit nombre de plantations régulières.

 La Dominique paraît très-favorable au cacaoyer, mais on n'y compte guère que 300 arpents plantés en cacao. A la Martinique où l'on prétend que ce fruit fut trouvé indigène et de là transplanté à la Guadeloupe, un ouragan détruisit toutes les plantations. En 1727 et en 1775, on comptait de nouveau 1,400,000 pieds de cacaoyer qui, avec ceux de Saint-Domingue, suffisaient à la consommation de la France. Il n'existe plus aujourd'hui qu'un petit nombre de plantations. A Sainte-Lucie la culture est très-soignée. Les Français, en déboisant le pays, l'ont rendu moins marécageux, et en 1784, on comptait 2,512,000 pieds de cacaoyers. Les Anglais ont continué, et on y voit aujourd'hui un grand nombre de plantations, dont quelques-unes produisent environ 60,000 kilog. de cacaos par an. Le même succès a eu lieu à la Grenade. Les plantations faites par des négociants français en 1714 ont prospéré, et l'Angleterre reçoit aujourd'hui de cette île environ 3,000 quintaux de cacao. En général, dans toutes ces colonies, la canne et le caféier ont successivement envahi les terres du cacao, et on ne voit guère le cacaoyer que dans les endroits où les deux autres ne peuvent plus réussir. Ce n'est pas la même chose à la Trinité, le cacaoyer y est l'objet d'une culture spéciale. La fève de la Trinité ressemble beaucoup à celle de Caracas, mais malheureusement elle ne possède pas les mêmes propriétés. Les premières plantations furent faites par les Espagnols, et leur cacao se vendait mieux que celui de Caracas. Le vent du nord fit périr les arbres en 1737, et longtemps les habitants dégoûtés, ne s'occupèrent plus de cette culture. Il paraît qu'en 1790, un matelot catalan fit de nouvelles plantations ; elles étaient exploitées en 1807, par le chirurgien major de la garnison de Cumana, auquel elles produisaient 500,000 livres. Depuis, les Anglais, nos maîtres en l'art de coloniser et de fertiliser un pays, ont remis en honneur le cacao de la Trinité. » (*J. Garnier. Dict. du Commerce et des Marchandises,* 1re *édition.*)

C'est actuellement sur la côte septentrionale de

l'Amérique du Sud, dit M. A. Mangin, au Brésil, au Chili, au Pérou, à la Nouvelle-Grenade, dans les républiques de l'Equateur, à la Trinité, à Cuba, à Haïti, à la Martinique et dans les autres Antilles que l'exploitation des cacaoyers se pratique le plus largement et avec le plus de succès. La Guyane ne vient qu'au dernier rang, le climat et la nature du terrain n'y étant pas aussi favorables que dans les autres pays. Du reste, le cacaoyer a été transplanté depuis un certain nombre d'années dans la plupart des contrées chaudes des deux hémisphères; aux Philippines, aux Canaries, à Surinam, partout où se trouvait un sol riche en principes organiques et bien arrosé.

Voici les espèces de cacaos connues sur les marchés :

1° Le *cacao royal* ou *Soconusco* qui occupe dit-on le premier rang, mais que consomment seulement le Mexique, l'Asie et l'Espagne.

2º Les *cacaos caraques* de premier et de second choix, dans lesquels on range quelquefois les *Varinas* qu'on tire de la province de ce nom.

3º Le cacao de Maracaïbo, qui a peu d'importance commerciale.

4º Le cacao Trinitad ou de la Trinité, aujourd'hui estimé.

5º Le cacao de Cuba.

6º Les cacaos de Para ou de Maragnan, de Grenade, de Guayaquil, de Bahia, de la Guyane, de Surinam.

7º Enfin, les cacaos des îles, dont les principales espèces sont dites d'Haïti, de Bourbon, de la Guadeloupe, de la Martinique, de Sainte-Croix, de Sainte-Lucie, etc.

Voici maintenant, pour compléter ce chapitre, le tarif des droits de douane et le tableau des importations et exportations du cacao, d'après la dernière édition du Dict. théorique et pratique du Commerce et de la Navigation, publié par Guillaumin en 1860.

Droits de douane. A l'entrée (par 100 kil.): Cacao des colonies françaises, par navire français, 40 fr.; des pays à l'ouest du cap Horn, 50 fr. par navire français et 75 fr. par navire étranger; d'ailleurs, hors d'Europe, 55 fr. par navire français et 75 fr. par navire étranger; des entrepôts, 65 fr. par navire français et 75 fr. par navire étranger.

A la sortie, le cacao paye 0,25 c. pour toutes les espèces.

IMPORTATIONS

—

	1845	1850	1856
Angleterre. . kil.	13,601	17,015	818,397
Espagne	1,690	24,659	164,633
Etats Unis. O. A. .	8,336	46,063	137,911
Haïti.	31,457	75,145	387,129
Cuba et Porto Rico.	»	23,869	111,955
Saint-Thomas . . .	87,524	67,953	80,253
Brésil	1,262,567	1,330,184	2,266,972
Venezuela	262,567	511,380	304,684
Pérou	279,754	201,251	201,251
Equateur.	457,923	243,221	749,573
Martinique.	109,380	193,037	444,546
Villes anséatiques.	»	»	335,631
Chili	36,610	»	119,511
Autres pays	208,627	55,071	136,742
	2,760,036	2,788,848	6,259,288

—

EXPORTATIONS

	1845	1850	1856
Russie . . . . . . kil.	7,682	8,419	119,564
Pays-Bas.	51,079	18,553	»
Villes Anséatiques. . .	51,079	109,395	87,941
Angleterre.	77,313	78,677	332,625
Deux-Siciles	33,039	10,296	81,940
Espagne	162,406	159,505	153,640
Etats-Sardes..	141,259	217,485	159,301
Toscane	58,890	40,254	42,169
Etats Romains.	13,348	16,509	52,448
Suisse	158,652	76,327	222,244
Algérie.	5,776	13,455	5,155
Cuba et Porto Rico. . .	»	10,877	»
Mexique..	23,714	5,446	»
Association Allemande.	911	»	10,082
Belgique.	13,621	»	18,523
'urquie	»	»	8,001
'res pays	90,648	8,746	11,807
Total.	889,417	873,934	1,305,830

ANALYSE DU CACAO

—

Fèves dépouillées de leur enveloppe

Huile (beurre de cacao).   53,10

Albumine végétale   16,70

Amidon.   10,91

Gomme.   7,75

Colorant rouge   2,01

Fibrine.   0,90

Eau   5,28

Lampadius, Ch. de Berzélius.

—

ANALYSE DE M. BOUSSINGAULT

—

Matière grasse (beurre de cacao).   44

Albumine.   20

Théobromine (caféine)   2

Gomme acide et traces de matières

    très-amères   6

Cellulose et ligneux   13

Principe colorant rouge. . . .   4

Substances minérales   11

                                 100

L'analyse de M. Boussingault a été faite sur une nouvelle espèce très-amère, dite *cacao montaran*, découverte dans les forêts de Muzo (Nouvelle Grenade). Les coques existaient avec les amandes.

ANALYSE DE M. PAYEN

—

Substance grasse (beurre de cacao). .	52
Albumine . . . . . . }	
Fébrine et autres matières } . . .	20
azotées . . . . . . }	
Caféine.	2
Amidon. . . . . , .	10
Cellulose	2
Matière colorante. . . . }	
Essence aromatique . . . } . . .	traces
Substances minérales	4
Eau hygroscopique.	10
	100

C'est, d'après les observations de M. Payen, la consommation moyenne des cacaos de bonne qualité mondés de leurs enveloppes, mais non torréfiés.

ANALYSE DU BEURRE DE CACAO

—

La matière grasse contenue dans les semences du cacaoyer se compose de :

Carbonne.	0,766
Hydrogène	0,119
Oxygène	9,115

Nous parlerons plus loin des usages thérapeutiques de cette substance.

Voici d'après les expériences de MM. Chevallier, Pommier et A. Poirier, les quantités de beurre fournies par 100 parties de diverses sortes de cacaos :

Sur 100 parties :	Chevallier	Pommier	Poirier
Cacao Maragnan. . .	56	55	50
Cacao Caraque . . .	55	50	48,5
Cacao Macaraïbo . .	51	50	»
Cacaos des Iles . . .	45	»	48

DES SEMENCES DU MANGIFERA, COMME SUCCÉDANNÉ DU CACAO

Le Mangifera est un genre de la famille des Térébinthacées, tribu des Anacardiacées, qui se compose de plusieurs espèces d'arbres à fruits comestibles, indigènes des Indes orientales. L'espèce la plus commune est le *Manguier domestique* (*M, indica*) originaire des Indes orientales et cultivé aujourd'hui aux Antilles, à Cayenne, à l'Ile de France, dans la Malaisie, etc. C'est un arbre de dix à douze mètres, au tronc recouvert d'une écorce épaisse, raboteuse et noirâtre. Son fruit la *Mangue*, de forme oblongue, comprimée sur les côtés et renflée vers l'insertion du pédoncule, est gros comme un abricot ou une poire ; il est de couleur verte avec des parties rouges ou jaunes, et a une pulpe de couleur jaune orangé comme la carotte.

Nous croyons devoir ici rattacher au cacao, comme le font déjà quelques savants, le Dika ou pain de Dika, substance venant du Gabon, et qui a figuré à l'exposition universelle de 1855. On connaît l'intéressant article publié sur ce sujet par M. O'Rorke.

« Le pain de Dika est formé par les semences ou amandes 'du fruit de *Mengifera Gabonensis* (amandiers), arbre nommé *Oba*, ou Gabon, agglomérées par l'action d'une certaine température. Il est sous forme de cône tronqué, du poids d'environ 3,500 grammes. Il est d'un gris marqué de points, onctueux au toucher, odeur de cacaos et d'amandes grillées à la fois, sa saveur est analogue à celle de ces deux substances mêlées. Par ébullition dans l'eau, ou par la pression à chaud, on en extrait de 75 à 80 0/0 d'une graisse solide, analogue au beurre de cacao. — Ce produit étant fort abondant, nul doute qu'il n'arrive bientôt en Europe et ne reçoive un grand nombre d'applications.

L'analyse de la graine du manguier a été donnée dans le tome 47 des Annales de Chimie et de Physique, par Avequin.

GRAINES FRAICHES DU MANGIFERA, REPRÉSENTANT
2 KILOGRAMMES DE CES MÊMES GRAINES SÈCHES

—

	Grammes
Albumine végétale	1 40
Acide gallique	250
Tannin	8 50
Amidon	960
Gomme	62
Matière grasse (acide stéarique)	62

Résine verte 8

Matière resinoïde brune 8 50

Matière extractive soluble dans l'eau et dans l'alcool à 36°, composée de sucre incrastillisable, matière extractive, priucipe colorant jaune . . . . } . . . 124

Beurre 31 16

Fibre ligneuse. 150

Eau 760

Perte. 166

ll

ALTÉRATIONS

ET FALSIFICATIONS DU CHOCOLAT

Signaler les altérations et les falsifications d'une substance alimentaire telle que le chocolat; indiquer les moyens de constater sa qualité, sa nature et sa valeur réelle, dévoiler les adultérations intentionnelles, les fraudes coupables, tel est le triple but que nous nous proposons d'atteindre dans ce chapitre.

Sans chercher à rehausser l'importance d'une telle entreprise, il n'est personne qui ne comprenne la portée du problème complexe que nous abordons, qui n'en désire ardemment la solution.

3.

Les progrès incessants des sciences naturelles, a dit un des membres du corps médical, les créations pour ainsi dire journalières de la chimie, n'ont cessé depuis un demi siècle, de multiplier nos richesses et tous les produits nécessaires à la satisfaction de nos besoins et de nos plaisirs ; mais il est triste de le penser, à mesure qu'un progrès heureux se réalise, le mal semble naître et s'accroître dans la même proportion. La fraude, vieille comme la science, ne se lasse point d'empoisonner ses dons. Un produit n'est pas plutôt créé, qu'il est immédiatement contrefait, falsifié, dénaturé. De là, dans nos relations commerciales, une perturbation déplorable, qui rend suspectes toutes les substances échangeables, qui impose la nécessité de les contrôler, et les analyser, de les soumettre, en un mot, aux plus défiantes épreuves.

Le chocolat, cette substance aujourd'hui si répandue, ou plutôt ce produit presque universel, subit des altérations naturelles ou accidentelles que nous allons faire connaître, des falsifications nombreuses que nous allons dévoiler.

ALTÉRATIONS DU CHOCOLAT

1° Altération tenant à la qualité des amandes. . . . . { Défaut de maturité, excès de fermentation, torréfaction mal conduite. }

2° Altérations dûes aux ustensiles servant à la préparation. . { Présence du fer. — du cuivre. — de la chaux. }

Si les altérations tiennent à la qualité des amandes, la dégustation comparative est le seul moyen de les constater. On comprend que si les amandes n'ont point acquis leur degré de maturité, le goût du chocolat aura quelque chose de particulier, d'acerbe, qu'un palais exercé reconnaîtra tout d'abord ; s'il y a excès de fermentation provenant du long séjour des graines dans les magasins, l'arôme du produit sera modifié, affaibli, dénaturé ; enfin, si la torréfaction est mal dirigée, le cacao donnera naissance à des vapeurs empyreumatiques, qui donneront au chocolat cette odeur pyrogénique, exerçant une action désagréable sur le sens du goût [1].

[1] L'odeur d'empyreume est due à une huile pyrogénée qui se développe pendant la torréfaction.

FER

—

Pour reconnaître la présence du fer dans le chocolat, il suffit de délayer dans l'eau une certaine quantité du produit suspect : 15 grammes par exemple. Le fer, à l'état d'oxyde, se précipite au fond du vase.

Les chimistes emploient un procédé plus savant, mais moins pratique pour le fabricant ou pour le consommateur.

Ils incinèrent une certaine quantité de chocolat suspect ; ils reprennent les cendres par l'acide azotique, et ils obtiennent, dans la liqueur préalablement neutralisée, un précipité rouge d'oxyde de fer par l'ammoniaque, et un précipité bleu par le cyanure jaune.

CUIVRE

—

L'opération est un peu plus difficile pour reconnaître la présence du cuivre dans le chocolat. Il faut délayer dans l'acide azotique une certaine quantité de produit suspect; on filtre la liqueur et on la traite par l'ammoniaque qui produit immédiatement la coloration bleue, et par le cyanure jaune, qui donne un précipité brun marron.

On arriverait au même but en incinérant une partie du produit suspect; à l'aide des mêmes réactifs, on trouverait le cuivre dans les cendres.

CHAUX

—

On soumet le chocolat suspect à l'action de l'eau, pendant quelques heures, afin que ce liquide dissolve ses produits constituants. En d'autres termes la chaux sera reconnue dans la liqueur provenant de la macération du chocolat, à l'aide de l'oxalate d'ammoniaque, qui y fera naître un précipité blanc, lequel agira sur les couleurs végétales comme les acides, c'est-à-dire rougira la teinture bleue de tournesol.

Nous arrivons à l'étude des falsifications, c'est à dire de ces altérations frauduleuses de cacao, par son mélange avec des substances inertes, de qualités informes, et parfois dangereuses.

TABLEAU DES FALSIFICATIONS DU CHOCOLAT

—

Farine de blé.

Autres céréales.

Farines légumineuses.

Amidon.

Amidon grillé.

Fécules de pommes de terre.

Huile d'olives.

Huile d'amandes douces.

Jaune d'œuf.

Suif de mouton.

Suif de veau.

Storax calamite.

Baume du Pérou.

Baume de Tolu.

Benjoin.

Enveloppe de cacao.

Amandes grillées.

Gomme adragante.

Gomme arabique.

Dextrine.

Cinabre.

Oxyde de rouge de mercure.

Minium.

Ocre.

Terre rougeâtre.

FARINES, FÉCULES DIVERSES

—

1º Le microscope vient révéler ici les formes caractéristiques si diverses des granules;

2º L'odeur et la saveur pâteuse du chocolat additionné de fécule ne peuvent échapper au sens du goût;

3º A la cuisson le chocolat suspect prend une consistance insolite et l'aspect de la colle;

4º Au contact de l'iode, réactif de l'amidon, la décoction filtrée de chocolat se colore instantanément en bleu.

HUILES, SUIFS

—

Les huiles d'olives d'amandes douces, les suifs de mouton et de veau peuvent être facilement reconnus. Il suffit de recouvrir une assiette d'une couche légère de chocolat réduit en poudre et de la laisser séjourner quinze à vingt jours dans un lieu dont la température est assez élevée (20 à 30); bientôt les huiles deviendront rances et les graisses acquierront une odeur de fromage et un goût suif caractéristique.

L'addition des huiles et des suifs a pour but de laisser croire au consommateur que la matière grasse de cacao dite *beurre de cacao*, préalablement extraite par les fraudeurs, existe dans les produits qu'ils livrent à l'alimentation.

Le phénomène de la rancidité ne peut manquer de démasquer cette fraude. En effet, tout corps gras, placé à une certaine température, absorbe l'oxygène de l'air, prend une odeur forte et une saveur âcre due au développement d'acides gras, tels que l'acide stéarique et l'acide oléique. Le storax calamite (*styrax calamita* des anciens), les baumes de Pérou, de Tolu, indiquent leur présence d'une manière manifeste lorsqu'on fait brûler ce chocolat suspect concurremment avec une certaine quantité de chocolat aromatisé avec la vanille pure. Sur une plaque de fer incandescente, le chocolat suspect répandrait une odeur balsamique caractéristique.

Ces baumes sont substitués à la vanille, dont le prix est assez élevé pour aromatiser à bon compte le chocolat destiné à l'alimentation.

AMIDON, DEXTRINE

—

Pour reconnaître ces falsifications, il suffit de réduire en poudre le chocolat suspect, de le délayer dans dix fois son poids d'eau, de filtrer la liqueur et de verser quelques gouttes d'eau iodée ; une coloration violette très-prononcée se manifeste sur le champ.

Cette falsification est assez commune, attendu que l'amidon grillé et la destrine sont solubles et n'épaississent pas le chocolat lorsqu'on le soumet à la cuisson.

—

AMANDES GRILLÉES, ENVELOPPES DE CACAO, ETC.

—

Les chocolats de qualités inférieures qui contiennent ces mélanges et autres (graines pulvérisées, débris de gomme, etc.), ne peuvent tromper que ceux qui ne connaissent pas la saveur du véritable chocolat.

—

SULFURE DE MERCURE, OXYDE ROUGE DE MERCURE,

MINIUM

—

Ces sels et oxydes mercuriels et plombiques constituent des fraudes que le glaive de la loi doit atteindre et punir sévèrement; elles ont pour but, au détriment de la santé publique, d'ajouter au poids du produit vendu.

Le docteur B. Lunel a publié la relation d'un cas d'empoisonnement par du chocolat contenant des sels métalliques. « Le malade éprouvait une « saveur âcre stytique, métallique, de la chaleur « et du resserrement à la gorge ; des nausées, « vomissement, diarrhées, abattements, etc. « L'eau albumineuse et le sulfure de fer hy-

« draté, délayé dans l'eau, sauvèrent le ma-
« lade. »

Voici comment les chimistes experts démon-
trent ces falsifications ·

« Pulvérisé et projeté dans un vase rempli
« d'eau froide, le chocolat pur forme *avec len-*
« *teur* un faible dépôt qui offre une couleur
« fauve terne ; le chocolat mêlé de sels ou oxydes
« mercuriels ou plombiques, forme promptement
« un dépôt de couleur rouge brique ;

« On reconnaîtra la présence du sulfure de
« mercure dans ce dépôt rouge-brique *un déga-*
« *gement de gaz acide sulfurique* que fera
« naître une simple pincée de cette matière pro-
« jetée sur des charbons ardents.

« L'oxyde rouge de mercure reconnu dans ce
« même dépôt rouge-brique, préalablement re-
« pris par l'acide électrique, au dépôt jaune que
« produira la potasse.

« Le minium sera reconnu au précipité jaune
« que donneront, avec le même liquide, le chlo-
« rure de potasse et l'iodure de potassium. Il y
« aura, en outre, au moment de la reprise par
« l'acide nitrique, formation d'un dépôt d'oxyde
« pur de plomb. »

Tels sont les moyens indiqués par MM. Chevallier, Hureaux, etc., pour démontrer la plus dan-
gereuse et la plus coupable des falsifications.

OCRE ROUGE ET TERRES ARGILEUSES

—

Les ocres sont des substances argileuses colorées en rouge, en jaune ou en brun, par une certaine quantité de peroxyde de fer. Elles donnent au chocolat à peu près le même aspect que les sels et oxydes métalliques indiqués plus haut ; elles se précipitent comme eux au fond des vases, et la reprise du dépôt rouge-brique par l'acide nitrique étendu, forme une solution et un précipité en rouge par l'ammoniaque.

—

FALSIFICATION DU BEURRE DE CACAO

—

Le beurre de cacao, dit Chevalier, est très-souvent sophistiqué dans le commerce ; on le mélange avec du suif de veau, de la moelle de bœuf ou autres graisses animales, avec de l'huile d'amandes douces, de la cire.

Ce beurre falsifié ne se dissout pas complétement à froid dans l'éther, comme le beurre pur, la solution est trouble ; mais, ainsi que l'a fait observer Hureaux, il y a des mélanges de beurre de cacao et de graisses, même dans la proportion de 74 qui donnent avec l'éther une solution parfaitement claire. La cassure du beurre de cacao falsifié n'est pas uniforme ; elle présente, en outre des nuances variées.

Pour nous, fabricants, le point de fusion, ainsi que l'ont indiqué Delcher et Hurcaux, est le meilleur procédé pour reconnaître les falsifisations. Le beurre de cacao mélangé de suif fond à 26 ou 28°, fraudé avec de l'huile d'amandes douces, il fond à 23°.

III

DU CHOCOLAT

AU POINT DE VUE

DE L'HYGIÈNE ET DE L'ALIMENTATION

—

Lorsqu'on veut examiner le chocolat au point de vue de l'hygiène et de l'alimentation, on doit chercher à se rendre compte du rôle que jouent les principaux éléments qui le composent, et des propriétés qu'ils peuvent lui communiquer.

Il est un fait bien établi en physiologie, c'est que l'homme ne peut agir sans perdre de ses forces. L'exercice, dit le docteur Leroy-Dupré, la respiration, la circulation, la plus faible contraction musculaire sont pour lui une cause de dépense vitale. L'émotion et la pensée elles-mêmes ne prennent pas naissance dans les profondeurs de l'organisme sans l'affaiblir. En un mot, les rapports de nos organes avec la partie immatérielle de notre être, ne peuvent subsister sans nous affaiblir, et nous ne tarderions pas à succomber, si, par un admirable mécanisme, la Providence ne nous avait pas permis de réparer les pertes de notre humanité par l'appropriation de nouvelles substances.

La première condition d'un bon aliment, c'est d'être complet, c'est à dire de réunir les différentes substances capables :

1° De fournir la plus grande partie des éléments sur lesquels agit l'oxygène de l'air pendant la réparation (aliments respiratoires).

2° De réparer les pertes des tissus en l'assimilant à eux, ou de subvenir à la croissance ou à l'engraissement de l'individu (éléments plastiques ou réparateurs) ;

3° De remplacer les matières liquides ou solides qu'entraîne l'exhalation hors de notre organisme.

Disons que les aliments plastiques ou réparateurs sont ceux qui renferment de l'azote (Gluten, albumine, caseine, fébrine, etc.), et qui sont regardés comme spécialement destinés à être assimilés (Dumas et Leibig) et que les aliments respiratoires ou combustibles sont des substances alimentaires neutres, telles que l'amidon, le sucre, les corps gras, etc., dans lesquels l'hydrogène et le carbone prédominent, et que l'on regarde comme destinés à fournir, pendant l'acte de la respiration, la quantité de chaleur nécessaire à l'entretien de la respiration du corps humain.

Ces notions indiquées, examinons le rôle du

cacao et du chocolat dans l'hygiène alimentaire.

On aura immédiatement une idée de la valeur nutritive du cacao, lorsqu'on saura qu'il présente, dans sa composition immédiate, le double de matière azotée que la farine de froment, vingt-cinq fois plus de matière grasse, une proportion notable d'amidon et un arôme agréable.

Mélangé intimement avec son poids égal ou les 2/3 de sucre, le cacao forme ce produit si utile, si répandu, appelé chocolat.

Quel est le rôle de cet aliment au point de vue hygiénique? En raison de sa composition élémentaire, le cacao, dit le professeur Payen, constitue un des aliments respiratoires, c'est à dire capables d'entretenir la chaleur animale par l'amidon, le sucre, la gomme, la matière grasse qu'ils contiennent. C'est aussi un des aliments favorables à l'entretien et au développement des secrétions à dépenses, en raison de la matière grasse (beurre de cacao) qui lui est propre ; enfin il peut concourir à l'entretien et à l'accroissement de nos tissus par les substances congenères susceptibles de s'y assimiler. L'arôme naturel du cacao excite l'appétit et favorise, sans doute, l'action digestive.

Le cacao mangé cru ne convient pas à l'estomac ; on dit qu'il contribue à épaissir le sang et qu'il peut donner lieu à des engorgements divers. Moïns il est rôti et plus il nourrit ; aussi le chocolat d'Espagne est-il le plus analeptique, ce que l'on ne peut attribuer qu'à la manière de torréfier le cacao. L'expérience et l'observation nous ont appris, dit le docteur Aulagnier, dans son Dictionnaire des substances alimentaires, que le chocolat bien confectionné est, en général, un aliment agréable, nourrissant, de facile digestion, et que le cacao pur convient aux personnés sédentaires, aux gens de lettres, aux estomacs faibles, et dans les maladies consomptives. Il y a peu de substances qui contiennent, sous un aussi petit volume, autant de matières nutritives. On peut dire que si plusieurs personnes ne se trouvent pas bien de son usage, il faut l'attribuer à sa mauvaise confection ou aux matières employées dans la fabrication des chocolats.

Madame de Sévigné a prétendu que le chocolat agit selon l'intention :

« Je pris du chocolat, avant-hier, dit-elle, pour « digérer mon dîner, afin de bien souper, et j'en « pris hier pour me nourrir et pour jeûner jus- « qu'au soir. Il m'a produit tous les effets que je « voulais. »

Nous ne savons nullement si cette action physiologique est la même chez beaucoup de personnes : dans tous les cas, le fait est curieux à connaître. Il est certain, d'ailleurs, que lorsqu'on prend du cacao pur, on peut indifféremment en faire usage avant, pendant, ou à la fin des repas.

Si, à l'exemple des Espagnols, on torréfiait le cacao dans un vase de métal moins oxydable ou dans une poterie bien cuite, et que la pâte fût broyé sur un granit, ou un porphyre, avec un rouleau de même matière, le chocolat ne contiendrait ni chaux, ni fer.

M. Cadet de Gassicourt, **qui** fut chargé, par le préfet de police, de faire l'analyse du chocolat, confectionné par lui avec le plus grand soin, y trouva toujours de la chaux et du fer.

Le savant Cadet, curieux de connaître la proportion de chaux et de fer introduite dans le chocolat à la fabrication , fit de nombreuses expériences sur des quantités exactement semblables. Toujours il trouva que 500 grammes de chocolat contenaient 2 grammes 50 de chaux et 1 gramme 80 de fer ; cette proportion est le minimum.

Aussi, dit-il, celui qui prend chaque jour une tasse de chocolat, a consommé, au bout de l'année, quelques hectogrammes de chaux et de fer. Mais comme le fer et la chaux sont des métaux salubres, on ne peut concevoir d'inquiétude sur leur usage. D'ailleurs, jusqu'à sa parfaite croissance, l'homme a besoin, pour le développement et la consolidation du tissu osseux d'absorber par les aliments une certaine quantité de chaux, et l'on se rappelle avec intérêt les travaux de Vauquelin et d'Alexandre Brongniard qui ont trouvé la chaux dans la farine, et qui ont calculé qu'un homme qui ne mangerait qu'une livre de pain par jour, aurait absorbé près de deux livres de chaux au bout d'une année.

Pour résumer, dit le docteur B. Lunel, les propriétés hygiéniques et élémentaires du cacao, disons que cet analeptique puissant convient aux individus épuisés par les veilles, les longues maladies, affaiblis par l'abus des plaisirs des sens. Lorsqu'il est bien digéré, et c'est le cas ordinaire du bon cacao pur, il nourrit parfaitement, donne

un peu de ton et relève promptement les forces.
N'oublions pas d'ajouter que la décoction de cacao ou de chocolat doit être légère et qu'elle réussit alors aussi bien au déjeûner qu'au dîner.

———

IV

DU CHOCOLAT

AU POINT DE VUE THÉRAPEUTIQUE

—

Nous avons vu que le cacao par sa composition chimique, est un émollient nutritif qui, employé sous forme de chocolat, peut rendre des services signalés dans les convalescences, le marasme, etc.

L'amande du cacao entre encore dans le Racahout, le Palamoud, le Theobrome, le Tanakoub de l'Inde, la Palmyrène, l'Allataïm du harem, le Kaïffa, le Wakaka des Indes. Tous ces produits constituant des fécules excellentes en Orient et dans les Indes, doivent une partie de leurs vertus nutritives au cacao qui entre dans leur composition.

Quelques praticiens ont aussi employé les coques de cacao comme tonique.

C'est à la theobromine, alcaloïde cristallisable, que le chocolat doit ses propriétés.

Voici la composition chimique de la théobromine d'après Wos Kresemsky.

Carbone. 47,21
Hydrogène 4,53
Azote 35,38
Oxygène. 12,88

Glasson a trouvé à peu près les mêmes éléments; voici son analyse :

Carbone . . . . ! . . 47,13
Hydrogène 4,60

Azote 31,23

Oxygène 17,04

Le beurre de cacao s'obtient surtout du cacao des îles, qui en contient en plus grande quantité que les autres[1].

Ce beurre est blanc, de la consistance du suif ; son odeur et sa saveur sont celles du cacao grillé ; il a la propriété précieuse de rancir difficilement ; aussi son emploi est-il des plus avantageux dans les cas de maladies de peau, où cet organe est desséché, endurci, fendillé, gercé ; ou bien lorsqu'on veut empêcher que les jeunes enfants trop chargés de graisse ne se coupent, comme on le dit vulgairement, c'est à dire que les deux surfaces de la peau se trouvant toujours en contact, ne rougissent et ne deviennent le siége

[1] C'est toujours au détriment du produit, et par suite du consommateur, qu'on retire le beurre du cacao, ce qui n'a pas lieu lorsqu'on fait usage de cacao pur.

d'un suintement continuel. Lorsqu'on emploie dans ces circonstances les graisses animales, elles ont le grand inconvénient de rancir dans les plis ou les gerçures dans lesquelles elles se sont introduites, et de déterminer, par leur présence, une irritation plus forte que celles qu'elles étaient destinées à calmer. Le beurre de cacao n'a pas cet inconvénient. Il présente un autre avantage, c'est d'être solide à la température ordinaire, de pouvoir ainsi se couper par morceaux et de ne fondre qu'à la chaleur de la main. C'est un adoucissant précieux dans les catarrhes, toux nerveuses, hémorrhoïdes, etc., etc. Il constitue le meilleur cosmétique, puisqu'il ne laisse aucun corps gras sur la peau ; aussi, les dames espagnoles l'emploient-elles à cet usage.

Si l'usage des anciens de se frictionner le corps avec de l'huile, afin de donner de la souplesse aux muscles, du ton aux organes, pouvait revenir parmi nous, le beurre de cacao serait ce qu'il faudrait préférer, puisqu'il sèche promptement et ne rancit pas. Ces frictions préviendraient la constitution rhumatismale chez les vieillards, et cet usage serait d'ailleurs autorisé par l'expérience de toute l'antiquité. Composé de stéarine et d'oléine, le beurre de cacao se convertit par la saponification, en acides stéarique et oléique.

Les chocolats sont dits alimentaires ou médicinaux. Nous avons parlé des premiers, disons quelques mots des seconds, qui peuvent avoir une foule d'indications thérapeutiques, car nous devons reconnaître que le médecin, en prescrivant une substance médicamenteuse sous cette forme, a surtout en vue d'y ajouter l'action propre du cacao.

Vandame a donné la formule d'un chocolat althelmentique, c'est à dire vermifuge ; il ajoute au chocolat du calomel, de la canelle et quelques gouttes d'huile de croton tiglium.

On a prescrit aussi des chocolats ferrugineux, toniques, purgatifs, etc.

La plupart des sels de fer sont décomposés par le chocolat; aussi a-t-on dû les préparer avec le sesquioxyde de fer hydraté (30 grammes pour 100 de chocolat).

Le cacao ferrugineux de Colmet d'Aage a pour base la limaille de fer porphyrisé : c'est également une bonne préparation.

Miquelard-Quevenne a composé du chocolat au fer réduit par l'hydrogène (25 grammes par 500 grammes de chocolat fin); Pierquin y a fait entrer l'iodure de fer; Bouchardat le lactate de fer, etc.

Mayrhofer a composé, contre les engorgements du système glandulaire, le chocolat aux glands de chênes torréfiés.

Enfin on a préparé des chocolats à la polenta,

au salep, à l'arrow-root, au tapioka, au sagou, au lait d'ânesse, à l'osmazone, au cachou.

Il n'est donc pas de substance alimentaire qui se prête mieux aux diverses combinaisons qu'on lui fait subir.

V

DU CHOCOLAT

AU POINT DE VUE ÉCONOMIQUE

———

Un savant membre de l'Institut, un habile professeur au Conservatoire des arts-et-métiers, a résumé ainsi cette fabrication :

On nettoie énergiquement les amandes de cacao dans un blutoir. Il est bon de mélanger une sorte de cacao de qualité aromatique avec une autre plus ou moins onctueuse, pour faciliter l'opération ultérieure du broyage.

La première opération se fait à l'aide d'un cylindre ou brûloir à café ; elle consiste dans une torréfaction légère et très-graduée, qui dessèche l'amande et réduit son volume en rendant friable sa coque.

Lorsque le cacao, torréfié à point, est retiré du cylindre et refroidi, on le presse entre deux cylindres armés de broches ou des clous en fer, qui concassent les coques et facilitent leur expulsion par un vannage. Il faut, en outre, trier et enlever les germes.

Le cacao, ainsi mondé de ses enveloppes et de ses germes, est plus complétement séché dans une étuve, puis soumis à un broyage dans un moulin à double meule arrondie, préalablement chauffé par quelques charbons, ou mieux encore par une double enveloppe dans laquelle circule la vapeur.

Dès que la masse est bien amollie par le frottement et la chaleur qui liquéfie la matière grasse, sans cesser de broyer, on y ajoute le sucre par portions, de manière à entretenir la demi-fluidité de la pâte.

On achève ensuite le broyage par deux passages dans les moulins à trois cylindres animés de vitesses différentes, afin d'effectuer un énergique frottement en même temps que l'écrasage; ou bien on remplace les cylindres par des cônes roulants et se développant sur une plate-forme circulaire également en granit.

Ce broyage mécanique, à l'aide d'une machine à vapeur, est facilité par des couteaux ramasseurs, qui ramènent sans cesse la pâte sous les meules, les cylindres ou les cônes.

Lorsque la division est près de son terme, on ajoute les aromates, la vanille, la canelle, etc.; on procède ensuite au moulage de la pâte, en tenant les moules pour faire dégager l'air de la substance amollie. Cette opération peut aussi s'exécuter mécaniquement sur des tables tournantes à secousses. On dispose alors les moules pleins dans des endroits frais sur des tables en marbre. Le chocolat devient dur en se refroidissant ; il prend un peu de retrait, de sorte qu'il est facile de le démouler pour l'envelopper dans des feuilles d'étain et de papier et le livrer aux consommateurs.

Ces procédés de fabrications ont reçu encore d'utiles améliorations, (voyez page 92).

Souvent lorsqu'on veut faire des approvisionnements, on coule le chocolat dans de grands moules, de façon à le mettre sous forme de très-grosses briques, ou pains volumineux ; il se conserve mieux ainsi dans un endroit sec qu'à l'état de cacao torréfié ou de menues tablettes, qui perdraient plus vîte leur arôme.

Dans certaines contrées on vend le cacao simplement réduit en poudre à froid, après l'avoir torréfié et mondé ; c'est une habitude assez générale en Angleterre. C'est d'ailleurs le moyen d'avoir un excellent produit, lorsque la fraude ne vient pas l'altérer.

On pourrait s'étonner que cet aliment sain et si agréable ne fut que lentement entré dans la consommation, si l'on ne savait que naguère, préparé sur une échelle moins étendue, son prix était généralement élevé, au point de laisser aux fabricants et aux intermédiaires des bénéfices de 80 à 100 pour 100, avant de parvenir aux consommateurs.

Nous maintenons que pour avoir un chocolat d'excellente qualité, il faut le payer 2 fr. le demi-kilogramme, et pour avoir un cacao pur, y mettre le prix de 3 et 4 fr. le demi-kilogramme.

Nous compléterons notre livre par l'appréciation de notre poudre de cacao, faite par un corps savant de Paris.

—

SOCIÉTÉ DES SCIENCES INDUSTRIELLES, ARTS ET
BELLES-LETTRES DE PARIS

—

Président de MM. le Dʳ marquis DU PLANTY, Chevalier
de la Légion d'honneur.

Vice-Présidence de MM. BOISSONNEAU, Oculariste de
l'armée, et THOREL SAINT-MARTIN, Avocat à la Cour
Impériale.

—

Séance du 22 Janvier 1854

—

RAPPORT

Sur les nouveaux procédés de la fabrication de

POUDRE DE CACAO PUR

de M. H. FOREST

—

Messieurs,

La fabrication des chocolats, sous l'influence des
améliorations introduites dans cette industrie,
s'élève aujourd'hui à plus de 6,000,000 de kilo-

grammes, représentant une valeur de près de vingt-cinq millions de francs, au prix normal de 2 fr. le demi-kilogramme.

En France, a dit le professeur Payen, on consomme rarement le cacao pulvérisé. En Angleterre on vend au contraire des trochisques de cacao pur sous les noms de chocolats granulés, en flocons, etc.

Sur 70 échantillons de ces produits, la commission sanitaire de Londres en a trouvé 39 qui étaient colorés avec de l'ocre rouge ; le plus grand nombre des mêmes cacaos contenaient des fécules de pommes de terre, de maranta, de blé, d'orge, etc.

En Angleterre comme en France, la fraude a su exercer son génie sur un aliment dont les propriétés éminemment nutritives, le font rechercher par le plus grand nombre.

Il y aurait un moyen bien simple, messieurs, de se prémunir contre les produits falsifiés du chocolat. Ce serait d'employer le cacao à l'état de nature, c'est-à-dire sans addition de sucre qui favorise l'introduction de mélanges étrangers. C'est ce qu'a très-bien compris M. H. Forest, l'habile directeur de la chocolaterie parisienne, dont le siége est passage Vivienne, n° 37, à Paris.

Le 21 janvier 1864, votre commission, composée de :

MM. le D^r marquis du Planty, président ;

    Rebillat, vice-président ;

    Eugène Paul, archiviste ;

    Dr Desparquets ;

    Léchelle, pharmacien ;

    Adolphe Favre, ingénieur ;

    d'Aubreville, ingénieur ;

    Gossart, ancien professeur de physique à l'Athénée impérial, et du docteur B. Lunel, s'est rendue à l'usine de M. Forest, où elle a pu se con-

vaincre facilement qu'il a résolu, à l'aide de procédés nouveaux, un des problèmes les plus sé-
rieux de l'alimentation.

Le cacao se prépare de la manière suivante à
l'usine de M. Forest :

Les amandes de cacao sont d'abord criblées,
puis soumises à un premier triage.

Les opérations qui suivent sont : 1º la torréfaction ; 2º le concassage ; 3º le triage tout
spécial qui a pour but de rejeter les grains
peu mûrs, trop petits ou piqués de vers ; 4º le
broyage à une température douce ; 5º la mise
en pains de plusieurs kilogrammes.

C'est alors que commence une série d'opérations nouvelles, qui constituent les procédés de
fabrication brevetés propres à M. Forest.

Nous ne pouvons, messieurs, décrire ici ces
procédés que la commission a vu mettre en pratique à l'usine de M. Forest ; mais nous devons
dire qu'ils offrent au consommateur les avantages suivants :

1° Pureté excessive du produit, qui ne supporte aucun mélange ; 2° Propreté exquise, puisque tout contact de la main est éloigné de la substance à préparer ; 3° Conservation de l'arôme du cacao par la mise en pain, à la suite des opérations préliminaires décrites plus haut ; 4° Conservation du beurre et de tous les principes qui entrent dans la composition de la précieuse amande, et cela, pendant plusieurs années s'il est besoin.

Le procédé de M. Forest, messieurs, constitue donc une invention réelle, qui mérite non seulement nos encouragements et nos sympathies, mais encore une sérieuse attention.

En effet, lorsqu'on voit l'amande du cacaoyer présententer dans sa composition chimique deux fois plus de matière azotée que la farine de froment, vingt-cinq fois plus de matière grasse, une proportion notable d'amidon et un arôme agréable provoque l'appétit, on doit encourager au plus haut degré une industrie, qui nous prépare dans les meilleures conditions, une substance douée d'un éminent pouvoir nutritif. [1]

Aussi, messieurs, considérant le service rendu à l'alimentation par M. Forest, avons-nous l'honneur de vous demander pour ce consciencieux industriel, une de vos hautes récompenses.

Récompense : *Médaille d'argent,*

Le Rapporteur :

Dr B. LUNEL.

Membre de l'Académie impériale des sciences de Caen, Chambéry, etc.

---

[1] Le cacao pur fabriqué par M. Forest se prépare comme le chocolat ordinaire, c'est-à-dire au lait ou à l'eau. — Pour le faire au lait, il en faut une cuillerée, soit 15 grammes ; — pour le préparer à l'eau. le double ou 30 gr. par tasse.

Avec un peu d'eau, on délaye la poudre, on fait bouillir doucement. et l'on ajoute peu à peu le lait ou l'eau, on laisse bouillir pendant quelques minutes.

Le cacao ainsi préparé se sucre selon le goût du consommateur. avantage que ne présente pas le chocolat ordinaire. Etant sans mélange ou aromates. le cacao pur se conserve indéfiniment, dans un lieu sec ou froid.

A ce rapport, nous croyons devoir ajouter l'appréciation de nos cacaos purs par l'un des pharmaciens les plus distingués de l'École de Paris, à M. Henry Forest.

Monsieur,

J'ai voulu m'assurer des propriétés nutritives de votre excellente poudre analeptique, qu'elle soit préparée à l'eau ou au lait.

Sous ces deux modes de préparation, l'arôme de votre poudre de cacao est décelée d'une manière très-agréable ; sa division est parfaite, et la digestion s'en opère très-facilement.

Fait à froid, le chocolat que produit la poudre de cacao est bien moins sapide ; mais préparée de la veille, délayée simplement dans un véhicule bouillant et pris après refroidissement complet, le matin au déjeûner, c'est le plus agréable et le meilleur analeptique qu'on puisse conseiller aux personnes débiles et à toutes celles dont la constitution est délabrée par le travail, la maladie, les excès, les longues convalescences.

A mon avis, monsieur, vous avez le mérite d'avoir obtenu un produit qui, par son prix et par ses qualités, ne redoute pas concurrence.

Veuillez agréer, etc.,

LÉCHELLE, pharmacien,
rue Lamartine, 35.

TABLE DES MATIÈRES

—

—

FIN DE LA TABLE

Abbeville. — Imprimerie de P. Briez.